Couverture inférieure manquante

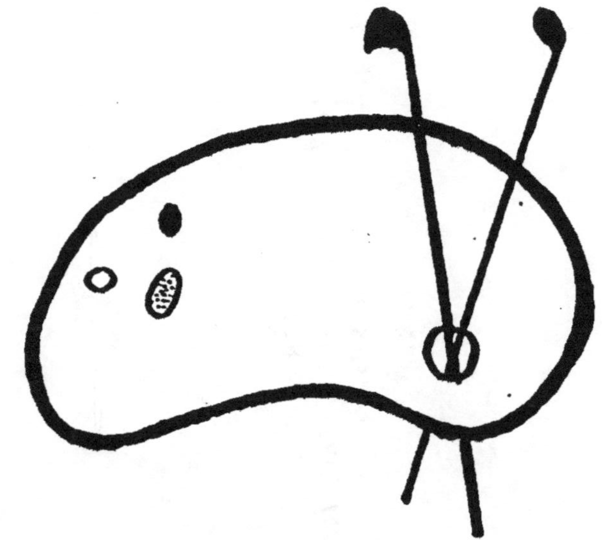

DEBUT D'UNE SERIE DE DOCUMENTS
EN COULEUR

VOYAGE

AUX DÉSERTS

DE SCÉTÉ ET DE NITRIE

A LA RECHERCHE DE L'ARBRE SORTI DU BOIS SEC
QUE L'ABBÉ JEAN ARROSA AVEC TANT DE TRAVAIL & D'ASSIDUITÉ

PAR

Le R. P. MICHEL JULLIEN

De la Compagnie de Jésus
Recteur du Collège de la Sainte-Famille, au Caire

LYON
IMPRIMERIE DE X. JEVAIN
43, Rue Sala, 44
1882

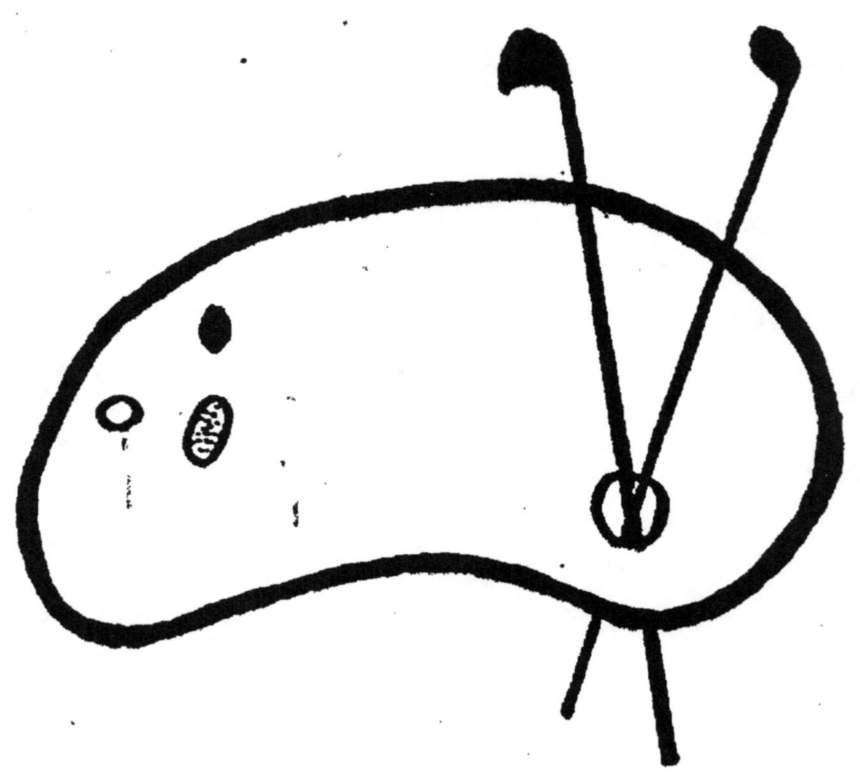

FIN D'UNE SERIE DE DOCUMENTS
EN COULEUR

VOYAGE

O³
521

AUX

DÉSERTS DE SCÉTÉ ET DE NITRIE

VOYAGE

AUX DÉSERTS

DE SCÉTÉ ET DE NITRIE

A LA RECHERCHE DE L'ARBRE SORTI DU BOIS SEC
QUE L'ABBÉ JEAN ARROSA AVEC TANT DE TRAVAIL & D'ASSIDUITÉ

PAR

Le R. P. MICHEL JULLIEN

De la Compagnie de Jésus
Recteur du Collège de la Sainte-Famille, au Caire

LYON
IMPRIMERIE DE X. JEVAIN
43, Rue Sala, 44
—
1882

DÉPOT LÉGAL
Rhône
n° 963
1882

VOYAGE

AUX

DÉSERTS DE SCÉTÉ ET DE NITRIE

LETTRE DU R. P. MICHEL JULLIEN

RECTEUR DU COLLÈGE DE LA SAINTE-FAMILLE, AU CAIRE

Août 1881.

PROJET

Au mois de mai, nous lisions, au réfectoire, au tome 3ᵐᵉ des lettres édifiantes et curieuses, une lettre du P. Sicard au comte de Toulouse, du 1ᵉʳ mai 1716, dans laquelle le Père raconte sa visite au quatre monastères coptes du désert de Nitrie.

Comme il se rendait du monastère le plus méridional au second, le Supérieur, qui l'accompagnait dans le désert, lui dit : « Re-
« garde cet arbre, appelé *l'arbre de l'obéissance*, qui résiste depuis
« douze siècles à toutes les saisons et aux attaques des bêtes et
« des Arabes. C'est un alizier qui, dans son origine, n'était qu'un
« bâton sec fiché dans ce sable ingrat et brûlant, par l'abbé
« Pœmen. Cet abbé commanda un jour au célèbre Jean le Petit

« de l'arroser tous les jours. L'obéissant religieux observa cons-
« tamment, pendant deux ans, l'ordre de son supérieur. Dieu,
« pour récompenser l'obéissance persévérante de son serviteur,
« permit que le bâton prît racine et portât des branches et des
« feuilles aussi belles que tu les vois. C'est en mémoire de ce
« prodige que l'arbre porte le nom de la vertu d'obéissance. »

Nous conçûmes immédiatement le projet d'aller voir si cet
arbre merveilleux, bien cher à la Compagnie depuis la lettre de
N. B. P. St-Ignace sur la vertu d'obéissance, existait encore.
Nous étions désireux de pouvoir en donner des nouvelles à nos
Pères et Frères, et surtout de demander, pour nous et pour tous,
au pied de ce vénérable témoin du prix que Dieu attache à la
simplicité de l'obéissance, un accroissement dans la perfection de
cette vertu.

Cette excursion au désert devait être en même temps pour nos
jeunes professeurs la meilleure distraction des vacances.

PRÉPARATIFS

Plusieurs difficultés se présentèrent. Des touristes européens
nous ont souvent dit que le premier voyage à chameau est extrêmement pénible. Un ancien élève de Mongré, qui arrive d'un long
voyage aux cataractes du Nil, nous raconte qu'une promenade de
trois heures sur un chameau l'a rendu malade pendant plusieurs
jours.

Néanmoins deux scolastiques ne se sont point effrayés.

Les meilleurs chameaux du Caire et même les seuls qui soient
destinés aux voyageurs, sont ceux qui font le service du Sinaï.
On nous en demandait 10 francs par jour. Notre voyage devant

durer six jours, c'était beaucoup pour notre pauvre petite bourse. J'envoyai alors un brave jeune homme, grec-catholique, qui fait chez nous la classe des commençants, au village de Kafr-el-Daoud, qui est à la lisière du désert, chercher des montures d'un prix plus modeste, et prendre tous les petits renseignements qui pouvaient nous être utiles. Il arrêta quatre chameaux avec leurs conducteurs au prix de 25 francs par chameau pour tout le voyage de cinq ou six jours. Autre difficulté : notre voyage serait incomplet, très fatiguant, dangereux et pratiquement impossible si nous n'étions point reçus dans les monastères coptes schismatiques ; une lettre du Patriarche schismatique nous était nécessaire. Sa Béatitude nous la promit avec beaucoup d'amabilité ; mais pour l'obtenir, que de courses il nous fallut faire chez son secrétaire ! Il nous sembla qu'on se faisait une assez grosse affaire de notre visite. Nous prîmes de notre côté la résolution d'éviter tout ce qui pourrait avoir pour des yeux prévenus la couleur d'une inspection.

DU CAIRE A KAFR-EL-DAOUD

Enfin tout est prêt : nous sommes quatre pèlerins, votre serviteur, les FF. scolastiques Eugène Nourrit et Joseph Noory et notre bon jeune homme, auxiliaire du collège, Jean Palamari. Chacun emporte une couverture de coton et un petit oreiller qui serviront la nuit pour camper, et le jour pour améliorer le bât du chameau. Le jeudi, 4 août, à cinq heures du matin, nous partons en voiture pour la station de Boulak-Dakrour, à quatre kilomètres au-delà du pont du Nil : c'est la ligne d'Alexandrie à la Haute-Egypte. La route est ombragée par un magnifique berceau d'acacias Lebeck, dont les houppes soyeuses et jaunâtres embaument l'air.

A la station on rencontre un peu partout des personnes qui dorment étendues par terre et soigneusement enveloppées dans leur couverture.

Je vais m'asseoir dans la salle d'attente toute grande ouverte ; à côté de moi sur le divan est une pièce de calicot blanc toute froissée qu'on dirait laissée là par une couturière ; après quelques minutes je m'aperçois qu'un pied sort de ce paquet, un peu plus tard apparaît une tête barbue. Un employé arrive aussitôt avec un pot-à-eau et une cuvette, puis des habits ; et en une minute notre paquet est devenu le chef de gare, qui fait son inspection matinale et donne ses ordres.

Nous montons dans un wagon de troisième qui ressemble assez à un grand wagon de bestiaux de nos lignes françaises. Il n'y a qu'une salle avec des banquettes de bois tout autour et au milieu ; le wagon est ouvert de tous côtés, depuis la hauteur des épaules jusqu'au toit. Des tringles de fer empêchent de sortir autrement que par la portière. Ces troisièmes classes sont très bon marché, environ cinq centimes le kilomètre, la moitié du prix des secondes ; comme on n'y rencontre guère que des fellahs et des Arabes, il ne conviendrait pas à un ecclésiastique d'y entrer seul.

A sept heures du matin nous partons dans la direction d'Alexandrie, nous voyons au nord les trois énormes pyramides de Gizeh que dore le soleil levant ; elles nous apparaîtront comme des montagnes jusqu'à 30 et 40 kilomètres de distance. Nous courons à travers des champs de coton aux grandes et belles fleurs jaune-paille ; tout autour, formant haie, est une autre malvacée à grandes fleurs blanches et brunes et à feuilles très découpées ; on me dit que c'est encore une plante textile. Puis viennent des champs de cannes à sucre et de dourrah, sorte de sorgho ou millet qui atteint deux à trois mètres de haut, et se termine par une panicule serrée, de graines blanchâtres ou brunes de la forme et de la grosseur d'une pomme de pin ; les Arabes en consomment beaucoup et en font du pain. Nous voyons à notre droite le village d'Embabeh autour duquel se livra la bataille des Pyramides.

La première station est celle de El-Mènaché, tout proche du barrage du Nil. Nous apercevons parfaitement cette fantastique construction, l'une des plus belles choses de l'Égypte, comme l'une des plus inutiles. On est à la pointe du Delta, la branche de Damiette est à droite, celle de Rosette à gauche, au milieu est l'île de Chalagané, large de quelques centaines de mètres ; sur chacune des branches du fleuve est un pont en pierre de taille d'environ 500 mètres de long dont les arches se ferment par des vannes. Sur chaque pilier est une guérite en pierre avec meurtrières ; aux extrémités et au milieu de chaque pont sont des tours fantastiques d'un bel effet ; malheureusement toute cette construction est établie sur un fond si peu solide qu'on n'ose pas fermer les vannes ; on aurait peur que le pont ne fût emporté.

La pointe de l'île est un camp fortifié renfermant de grandes casernes et garni tout autour de canons et de mortiers. Il y a de beaux ombrages.

Nous arrivons bientôt à la station d'Ouardan, en longeant un canal latéral du Nil de trente à quarante mètres d'ouverture. Sous la caisse à eaux de la station, des femmes arabes vendaient à de pauvres fellahs des morceaux hideux et tout saignants de viande de chameau.

A partir d'Ouardan le sable envahit la voie, et même les deux rives du canal que nous suivons toujours. Nous sommes dans le désert ; durant vingt kilomètres, plus de végétation, c'est à peine si dans le lointain, du côté du Nil, nous apercevons quelques têtes de palmier. Un chemin de fer, le télégraphe, un beau canal parfaitement aligné, tout cela au milieu du désert, sans traces de vie, si ce n'est une escouade d'ouvriers occupés à enlever le sable qui garnit les rails; voilà bien un tableau qui prête à la réflexion. C'est la science et l'activité humaine pénétrant l'immuable solitude du désert; c'est l'homme marquant son sillon lumineux dans l'immensité et le calme des œuvres de Dieu. La longue ligne des poteaux télégraphiques se projetant sur le sable me fait de loin l'effet de ces petites barrières qui, en France, courent à droite et à gauche de la voie. Enfin la végétation se rapproche, c'est Kafr-el-Daoud.

RÉCEPTION A KAFR-EL-DAOUD

Nous sommes à soixante-sept kilomètres de Boulak-Dakrour, il est environ dix heures du matin. Nous traversons le canal près de la gare sur un bac et nous nous dirigeons à travers le village sur la maison d'Abouna Joseph, supérieur du couvent de Saint-Isaïe, l'un des monastères du désert. Il est averti de notre arrivée; c'est chez lui que les chameliers doivent se rendre, et la lettre que le patriarche nous a remise lui est adressée. Kafr-el-Daoud a environ 1200 habitants. Comme tous les villages du Delta, ce n'est qu'un amas de petites maisons bâties en briques noires, qui ne sont autre chose que le limon du Nil desséché au soleil. Les murs extérieurs et les endroits les plus fréquentés de la maison sont enduits d'une couche de ce même limon noirâtre dans lequel on a mêlé un peu de paille hâchée. Ces maisons n'ont point de fenêtres sur la rue, et n'ont qu'un rez-de-chaussée. Au-dessus est une terrasse de bois et de terre sur laquelle vivent les poules, le chien, la chèvre et souvent les enfants de la maison. C'est là d'ordinaire qu'on fait sécher au soleil et qu'on conserve les galettes d'excréments d'herbivores qui sont en Egypte le seul combustible du pauvre pour la cuisine et pour le four. La confection de ces galettes est l'un des offices des femmes et des filles de la maison qui pétrissent la matière avec les pieds dans un trou où elles ont mis un peu d'eau, puis en font des gâteaux plats de la dimension d'une assiette. Ce combustible donne au pain et aux mets un fumet spécial. Quant aux rues du village, elles ne sont que des sentiers tortueux circulant entre les clôtures.

La maison d'Abouna Joseph, située à l'extrémité orientale, est un peu mieux bâtie que les autres ; au-dessus de l'entrée, il y a une salle au premier étage avec deux ou trois fenêtres extérieures.

On nous reçoit à l'entrée et nous attendons assez longtemps dans un étroit passage que l'appartement du premier soit préparé pour notre réception solennelle. Les chameliers arrivent ; le fils du Cheikh du village les accompagne et nous présente les hommages de son père. C'est le Cheikh ou chef du village qui a désigné les chameliers ; il est responsable de ses hommes ; mais ceux-ci lui paient une légère rétribution. Ici les chameliers commencent leurs interminables objections et difficultés ; ce sera la même chose tout le long du voyage. Il paraît que c'est dans le métier. Un missionnaire de Mgr Comboni, revenu dernièrement de Khartoum par la voie de Souakin, nous disait que ce n'est pas le désert qui fait souffrir mais bien les chameliers. Je crois que ces pauvres gens créent des difficultés pour faire naître la nécessité du bakchiche, clef universelle de tout l'Orient et de bien d'autres pays. — Le désert est sillonné de Bédouins, disent nos hommes, nous ne voulons partir que demain, nous nous joindrons aux quelques soldats qui vont relever la garde du lac Natroun. —

Enfin tout s'arrange; il leur manque quelques piastres pour acheter de la poudre; nous leur donnons ces quelques piastres. Ce fut l'argument victorieux; mais bien entendu qu'ils n'achetèrent point de poudre. Il est donc convenu qu'on part à 3 heures. Le jeune Cheikh est témoin et garant. Abouna Joseph nous invite à monter dans la salle de réception. Nous traversons une cour où nous voyons onze femmes ou filles très affairées autour de petits foyers, sans doute pour préparer notre dîner. Un escalier de boue desséchée nous conduit sur la terrasse et de là dans la salle. Le sol est de la terre; on sent qu'il manque de cohésion; le long du mur sont des nattes de jonc recouvertes de vieux tapis et contre le mur quelques coussins; c'est le grand divan. On nous fait asseoir à la turque. Nous présentons notre lettre dont voici la teneur :

« La bénédiction divine et la grâce du Très-Haut descende et
« enveloppe la personne du fils béni, le prêtre dépositaire de
« notre autorité, le Ghomos Joseph, supérieur du couvent de
« notre père le B. Isaïe, grand entre tous les saints. — La
« bénédiction du Très-Haut.

« Après vous avoir béni et avoir prié Dieu qu'il lui plaise vous
« faire jouir d'une bonne santé et d'une parfaite tranquillité, nous
« vous annonçons que nos frères chéris, le P. Jullien, supérieur,
« et les FF. Nourrit et Noory, tous trois religieux Jésuites latins,
« ainsi que notre fils, M. Jean Palamari, veulent visiter les quatre
« saints couvents de Scété et revenir en paix. Leur projet est
« d'aller au désert, du côté Kafr-el-Kafr-Daoud, lieu de votre
« résidence; et c'est pour cela qu'il a fallu donner à votre
« révérence cette bénédiction. Vous recevrez les frères nommés
« ci-dessus avec la vénération due à leurs révérences, vous aurez
« soin de leur fournir les montures et les guides nécessaires pour

« voyager dans le désert; et vous écrirez à chacun de nos fils qui
« exercent notre autorité dans les quatre couvents, de les recevoir
« à leur arrivée avec les honneurs qui leur sont dus. Quand ils
« auront visité un couvent, ils les accompagneront jusqu'à
« l'autre. »

Il y a là avec Abouna Joseph trois autres religieux qui doivent profiter de notre caravane pour se rendre à leur monastère (1). Tous ont une robe d'indienne d'un brun rougeâtre à raies blanches, un surtout noir à larges manches (guébbé), et sur les épaules une grande écharpe noire qui retombe par devant ; celle d'Abouna Joseph avait quelques liserets violets. Leur tête est coiffée d'un turban noir avec calotte rouge, un morceau d'étoffe noire de la largeur de deux doigts sort de dessous le turban sur la nuque et s'enfonce sous la robe ; c'est le signe distinctif des religieux. Ils ne portent pas de bas; ils ont aux pieds le soulier-pantoufle des Arabes. Ils portent la barbe; mais on sait que les Égyptiens en ont peu.

La conversation commence par des salamalecs que l'on débite en élevant la main des genoux à la bouche et de la bouche au front, et regardant le ciel. — Tu nous honores! — Plaise à Dieu que tu sois satisfait de notre réception! — Nous sommes heureux de ta visite. — Sois en paix! Quel que soit le sujet de la conversation, il sera fidèlement interrompu tous les quarts d'heure par l'une de ces exclamations accompagnée du même geste. J'avoue que ces démonstrations de respect et d'affection ne me laissaient point insensible. Il y a vraiment quelque chose de beau dans les restes de l'antique hospitalité chrétienne en Orient.

(1) Les Abounas Guirguès et Soléiman qui vont avec nous au monastère d'El-Baramous et Abouna Ishac qui se rend au monastère de Saint-Isaïe.

Bientôt on apporte sur un plateau des verres d'eau sucrée, c'est de l'eau entièrement trouble; évidemment elle vient directement du canal où nous avons vu se baigner à l'entrée du village toute espèce de monde, petits et grands; des buffles et même un chameau qu'on y lavait. N'importe, il est entendu en Egypte que l'eau du Nil est la meilleure eau du monde, que le limon qu'elle charrie est un trésor presque divin qui ne saurait nuire à personne; dès lors il faut boire (1). Un peu plus tard on nous présente un vase de dattes confites qu'on a pétries ensemble après en avoir enlevé les noyaux. Nous avons de la peine a obtenir qu'on nous laisse un peu seuls pour dire notre bréviaire ou pour reposer. Enfin, vers deux heures et demie, on apporte sur le tapis un tabouret de bois découpé, sur lequel est un grand plateau de cuivre; on nous lave les mains, c'est le dîner.

Nous avons des pains arabes tout chauds, évidemment faits depuis notre arrivée. Ils sont épais comme le petit doigt et larges comme les deux mains, tout à fait mous; je crois qu'il y a du levain, mais on ne lui a pas laissé le temps d'agir. Au milieu du plateau est un gros plat de riz dans lequel sont des petits beignets de farine préparés au gras. Quatre cuillers de bois accompagnent le plat. Les assiettes, les fourchettes, les couteaux n'existent pas, nous n'en verrons jamais pendant ce voyage, lors même qu'on nous servira de la viande; les mains suppléent et l'on mange à la gamelle.

La boisson est l'eau du canal, un Arabe se tient derrière nous, portant d'une main la gargoulette, et de l'autre un verre. Au

(1) Pour vous donner une idée exacte de la quantité de limon qui obscurcit l'eau du Nil, j'ai voulu, de retour au Caire, mesurer l'épaisseur de la couche d'eau qui suffit à cacher entièrement le fond du vase qui la contient. J'ai trouvé trois ou quatre millimètres.

moindre signe il nous présente le verre plein d'eau ; c'est le même verre qui sert à tous.

Un autre Arabe est sans cesse occupé à chasser les mouches de la table et du visage des convives. Les mouches sont en Egypte un vrai fléau ; les petits enfants de la campagne en ont souvent des rangées entières autour des yeux. Si la divine Providence dans sa bonté n'avait pas réglé que la nuit serait le temps du sommeil pour les mouches comme pour les hommes, il serait vraiment impossible de dormir dans ce pays sans être couvert, jusqu'au petit doigt de la main, de ces insectes importuns.

Un second plat de riz ou de gruau, du miel et un petit fromage d'une odeur spéciale et vraiment suffocante complètent largement notre repas.

LE DÉPART DE LA CARAVANE

Les chameaux sont arrivés, ainsi que les trois baudets des religieux nos compagnons. La caravane ne s'organisera qu'à la gare ; nous nous y rendrons à pied accompagnés d'Abouna Joseph.

Le chef d'un petit poste de soldats s'avance et nous demande qui nous a permis de nous enfoncer dans le désert. Il est chargé de la sécurité des voyageurs ; les vols et les meurtres même qui pourraient nous atteindre lui seraient imputés ; il veut nos noms, etc..., etc... Abouna Joseph lui tient tête, et ne tarde pas à comprendre que c'est de l'eau-de-vie qu'on désire et non pas des papiers.
— « Nous n'avons pas d'eau-de-vie et nous partirons quand même. » L'Arabe, chef de la caravane, fait la distribution des chameaux, qui sont là accroupis sur le quai de la gare pour être montés. Il me donne le plus grand, un vigoureux mâle aux al-

lures extrêmement rudes, qui me fera rouler plusieurs fois dans le sable par son incomparable précipitation à se lever avant que j'aie pu me cramponner sur son dos à quelque chose de solide, et cela alors même que deux chameliers debout sur ses jarrets pliés rassurent ma légitime défiance. Ce n'est que plus tard qu'on sera convaincu de la nécessité absolue de lier la jambe de l'animal à son cou jusqu'à ce que le voyageur soit bien en place. Pour cette première fois, étant bien prévenus, chacun s'est cramponné énergiquement par devant et par derrière au bât de sa monture, et personne n'est tombé. Les chameliers et les nombreux assistants nous en marquèrent leur satisfaction.

Nous remercions de notre mieux notre excellent hôte et nous voilà en route dans la direction du couchant. Il est quatre heures du soir. Nous longeons d'abord un champ de coton où nos chameaux broutent un peu. L'un de nous, par délicatesse de conscience, veut empêcher son chameau de cueillir sa petite portion. L'animal s'en venge après deux ou trois minutes en se précipitant brusquement à terre de la manière la plus imprévue, ce qui pourtant ne désarçonne pas l'agile cavalier. Pressé ou non, allongeant sa grande langue et ses lèvres pendantes, il cueillera un rameau à chaque buisson du désert, quelles que soient ses épines; aussi dit-on qu'il est le plus patient et le plus impatientant de tous les animaux.

LE DÉSERT

Après une heure de marche, nous avons perdu de vue la côte; nous sommes en pleine mer de sable, ou plutôt d'un terrain dur et pierreux, assez semblable aux anciennes alluvions de nos grands fleuves. J'estime que dans la partie du désert que nous avons parcourue, le sable mouvant n'occupe pas plus de la cinquième partie du chemin.

Nous ne marchons pas en file comme on représente généralement les caravanes; nos chameaux préfèrent se mettre de front, et alors ils semblent s'encourager l'un l'autre à la marche. Ils font de cinq ou six kilomètres à l'heure.

Au coucher de soleil, vers sept heures du soir, nos chameliers s'arrêtent pour boire et manger un peu de pain. Ils n'ont ni bu, ni mangé depuis la nuit dernière, car on est en ramadan. Pour nous, nous partageons fraternellement nos petites provisions avec les trois religieux coptes, ce qui achève de nous les gagner. Nous buvons l'eau du canal que nos chameliers ont apportée dans des outres de peau de bouc, dont on n'a pas enlevé le poil. L'arrêt ne dure qu'une demi-heure; nous repartons, la lune éclaire suffisamment les longues pistes parallèles que suivent nos chameaux. Nous chantons nos cantiques; nos Arabes chantent leur coran. Vers dix heures nous apercevons l'un après l'autre deux bolides à vive lumière rougeâtre, qui, partis de l'Occident, vont se perdre au Nord-Ouest en une gerbe d'étincelles, comme deux belles fusées. A minuit et demi la lune va disparaître, on s'écarte un peu de la piste pour trouver le sable où l'on va camper; puis chacun de nous s'accommode de son mieux avec son oreiller et sa couverture, prenant soin de se couvrir les yeux pour les préserver du serein de la nuit, et cherche à dormir. On est vraiment assez bien, on serait moins bien sous une tente. Un de nos scolastiques avait pris dans le trajet un joli petit rat blanc, au poil long et soyeux : la nuit nous avait empêchés de le bien considérer. Après l'avoir délicatement étouffé, je rangeai son joli petit cadavre dans mon sac pour l'examiner au jour. Le lendemain l'animal avait disparu, impossible de le retrouver. A quatre heures et demie, les Arabes nous appellent : il faut remonter sur nos chameaux, qui ont passé la nuit très tranquillement accroupis à deux pas de nous.

Vers sept heures nous apercevons devant nous la verdure et le sel blanc de la vallée du Natron (Ouadi natroun). Au Midi, un grand nombre de monticules qui marquent la place d'anciens monastères. A l'Orient de ces monticules, l'enceinte grisâtre du monastère de St-Macaire (Deïr abou Makar). Au Sud-Ouest, les longs murs blancs des monastères de Saint-Isaïe (Deïr amba Bichoï) et des Syriens (Deïr Souriani); devant nous, à une quinzaine de kilomètres, la blanche enceinte du Deïr El-Baramous, ou monastère des Grecs. Nous voyons encore sur le bord du lac de sel, une tente blanche : c'est la tente des soldats qui défendent le sel contre les déprédations des Bédouins. La route descend dans la vallée dont la dépression est tout au plus de quinze à vingt mètres. Nous la traversons dans un champ de roseaux (Typha latifolia), qui sépare deux lacs de sel ; plus loin, sur une largeur de cinq à six kilomètres, il y a quelques petites touffes d'arbustes épineux et même de palmiers réduits à l'état de buisson. Ces palmiers nous rappellent que les solitaires de Nitrie vivaient de la vente des nattes qu'ils tressaient avec des feuilles de palmier détrempées dans l'eau. Il est probable qu'alors les buissons de palmiers couvraient une bonne partie de la vallée. Mon chamelier m'offre quelques jolies baies rouges et sucrées de la Nitraria tridentata, petit arbrisseau épineux à feuilles glauques, qui faisaient les délices de nos chameaux ; j'eus la distraction de goûter un de ces fruits, ce qui m'empêchera de dire la sainte Messe aujourd'hui.

DÉIR EL-BARAMOUS

Enfin, à dix heures du matin, après treize heures et demie de marche sur nos chameaux, nous arrivons devant le monastère d'El-Baramous, le plus occidental et le plus septentrional des quatre. Un grand mur de douze mètres de haut, recouvert d'un enduit blanc en bon état, forme un carré d'environ cent dix mètres de côté, assez bien orienté, sans autres ouvertures que des meurtrières au sommet. Un bâtiment carré de vingt mètres de large domine l'enceinte de huit à dix mètres, s'appuyant sur le mur du Nord, non loin de l'angle Nord-Ouest. A côté de cette énorme tour carrée, du côté du Levant, on voit sur le mur du Nord une petite cloche, et au niveau du sol une ouverture haute d'un mètre dix centimètres et large de quatre-vingt-dix centimètres, fermée par une très solide porte couverte de bandes de fer. C'est l'unique porte du monastère. Nous sonnons la cloche, Abouna-Ghirghès et Abouna-Soléiman parlementent un instant avec le portier à travers la porte qui reste fermée ; enfin on ouvre, et sept ou huit religieux, vêtus d'une simple tunique de laine brune, les jarrets nus, la coiffe blanche des Arabes sur la tête, viennent à nous, embrassent les Pères voyageurs, prennent nos bagages et nous font entrer, laissant dehors chameliers et chameaux. Après avoir traversé le mur, le petit chemin d'accès tourne brusquement à gauche, puis à droite, puis à gauche encore, sans doute pour faciliter la défense.

Les religieux nous entourent, nous conduisent dans la principale cour du monastère. Le Ghomos, ou supérieur résidant, Abd-el-Massih vient nous saluer. C'est un homme de cinquante ans, vêtu aussi pauvrement que ses frères, modeste, posé, à l'œil intelligent. Nous lui présentons la lettre du Patriarche : il la porte sur sa tête et à ses lèvres, la lit avec attention, sans paraître tout à fait rassuré ; il ne sait pas ce que sont les jésuites ; il sait seulement qu'on les chasse.

Cependant on nous conduit dans une petite salle au premier étage, disposée en divan avec nattes et tapis, et la réception commence suivant le cérémonial que nous avons déjà décrit. L'eau du monastère est horriblement salée, elle gâte tout, le café, le suc de réglisse ; elle ne désaltère pas. Je n'aurais jamais cru que des hommes pussent s'habituer à boire toute la vie une eau pareille dans un climat aussi brûlant. Du reste, la plupart des religieux paraissent malades.

Ces religieux, au nombre de vingt, quatre prêtres et seize laïques, nous dévorent des yeux : notre arrivée est un événement pour eux, car ils n'ont pas tous les ans une visite d'étranger. Tout les étonne, même les notes que prend l'un de nous sur son carnet ; ils ne conçoivent pas comment il peut écrire de gauche à droite. Nous répondons à toutes leurs questions, nous allons même au-devant de leur curiosité ; aussi la première défiance diminua rapidement.

Après notre petit repas de riz et de dattes, auquel les religieux assistent presque tous, on nous invite à visiter le monastère. La disposition des bâtiments dans l'intérieur de l'enceinte est tout à fait irrégulière, plusieurs de ces constructions ne sont guère que des ruines. Le mur d'enceinte est très épais ; au sommet règne un petit chemin de ronde protégé du côté extérieur par un haut parapet où sont pratiquées des meurtrières. Il n'y a pas d'autre verdure que celle de deux petits jardins plantés de palmiers et de grenadiers à l'ombre desquels croissent tant bien que mal quelques poivrons et quelques pourpiers.

Entre ces deux jardins, dont le sol est en contre-bas, s'élève une église que les moines construisent sous la direction du Ghomos. Les arcades sont ogivales et massives. En face de l'autel, près du fond de l'église, se trouve le Berket-el-Rhotas ou bassin de l'Epiphanie. C'est un bassin carré de trois mètres de côté creusé dans le sol, les fidèles s'y plongent et font les ablutions le jour de l'Epiphanie. De là vient sans doute que chez les Orientaux la fête de l'Epiphanie s'appelle Rhotas, c'est-à-dire immersion. Ce bassin est une partie essentielle de toutes les églises des Coptes schismatiques.

Il y a deux autres églises de style byzantin terminées par des coupoles. Le plan de ces églises est le même dans tous les monastères. Elles sont rectangulaires à trois nefs. La dernière travée est fermée par une boiserie peinte ou travaillée en marqueterie; c'est là que sont les autels, un à l'extrémité de chaque nef. On ne peut les apercevoir que par les portes pratiquées en face dans la boiserie. La seconde travée, également fermée par une boiserie dans toute la largeur des trois nefs, sert de chœur; c'est là que le prêtre s'habille, lit l'Evangile et fait grand nombre d'encensements, là que se tiennent tous les religieux. C'est ordinairement dans cette travée que s'ouvre le petit four où l'on cuit les pains pour la messe. Le reste de l'église est destiné aux fidèles. Dans les monastères que nous avons visités, cet endroit de l'église était en partie occupé par la provision de grains.

Le sanctuaire et le chœur ont quelques vieux tableaux byzantins sur bois, quelques peintures, mais aucune statue, aucune sculpture. Cette exclusion de toute image en relief, générale dans les rites orientaux, et même chez les mahométans, vient, dit-on, d'une extension exagérée de la défense faite aux Juifs : *Non facies tibi sculptile* (EXOD. XX, 4).

Dans la nef du milieu, à gauche de la porte du chœur, est une chaire carrée en bois, assez élevée, d'où le prêtre lit l'Evangile au peuple. Du même côté se trouve une sorte de grand placard en bois sculpté, dans lequel sont rangés, comme sur un lit, à la hauteur d'un mètre, les cercueils de deux ou trois saints du monastère. Ces cercueils sont en bois et couverts d'étoffes aux vives couleurs.

On nous montre le cercueil de l'abbé Moïse l'Ethiopien qui de voleur se fit moine et mourut saintement dans ce monastère. Nous restâmes quelque temps en prière devant ces précieuses reliques. Près de là, dans la nef de gauche, sous le pavé, sont les ossements des deux fils d'un proconsul grec, Maxime et Timothée, qui vivaient vers l'an 400. C'est en mémoire de leur père, fondateur de quelques monastères des environs, que ce monastère porte le nom d'El-Baramous, corruption de El Romaous, qui signifie *des Grecs.*

Dans un trou de la muraille sont entassés pêle-mêle une centaine de livres liturgiques, coptes et arabes, la plupart sortis des imprimeries protestantes de Londres, New-York et Beyrouth; nous avons vu entre autres plusieurs bibles protestantes.

Cette église paraît dédiée à la Sainte-Vierge, qui a toujours été spécialement vénérée dans ce monastère. On croit que saint Arsène, dont on fait la fête le 19 juillet, a vécu longtemps dans ce lieu, mais nous n'avons pu recueillir aucune tradition précise à ce sujet, les religieux étant fort ignorants sur l'histoire de leur couvent.

Après l'église nous visitons le réfectoire des religieux qui lui est attenant. C'est, je crois, la partie la plus ancienne du monastère; je ne doute pas que bien des saints solitaires des premiers siècles ne se soient assis sur ces bancs de pierre qui règnent autour, et n'aient mangé sur ces énormes tables de pierre à larges rebords saillants qui leur donnent l'aspect d'un bassin de cristallisation. Les religieux faisaient un carême de quinze jours avant la fête de l'Assomption, aussi n'avaient-ils pour toute nourriture que de petits pains ronds de dix centimètres de diamètre et de quatre centimètres d'épaisseur, fort durs et même moisis.

De là on nous conduisit par un petit pont-levis assez élevé dans ce bâtiment carré qui domine l'enceinte, et qu'on nomme la tour. Ce bâtiment est un monastère complet : il y a un puits, un four, des magasins à provisions, des cellules, une chapelle dédiée à saint Michel, etc. En cas d'envahissement du monastère, les religieux peuvent se retirer dans cette tour et y vivre pendant quelques semaines jusqu'à ce qu'on leur porte secours. La bibliothèque de la maison y est renfermée, ce n'est qu'un tas de vieux livres arabes ou coptes, presque tous manuscrits et en grande partie détériorés. En 1842, un Anglais, M. Tattam, se fit céder à prix d'argent par les moines la meilleure partie de leurs livres, environ mille volumes, qui sont aujourd'hui au Musée britannique. Ce qui restait de livres intéressants a été transporté au Caire par ordre du patriarche.

Nous visitons un vieux religieux, aveugle et infirme, vénéré de la communauté qui, par honneur, lui donne le titre de Ghomos. Sa cellule est un rez-de-chaussée, a pour sol la terre nue, et pour toit une mauvaise terrasse, selon l'usage du pays. Le jour arrive par une petite fenêtre. Nous lui parlons de N.-S. J.-C. et du ciel, nous lui laissons quelques médailles de la Sainte-Vierge et de l'eau bénite. Les cellules des autres religieux, disséminées un peu partout, ne paraissent pas mieux construites.

En passant, nous voyons le four où l'on cuit une pierre à plâtre, mêlée de sable siliceux qu'on trouve près du monastère. La pierre est ensuite écrasée sous une meule que fait tourner un mulet. C'est avec ce plâtre, mêlé de sable, qu'on fait toutes les constructions.

Au coucher du soleil, on sonne la prière du soir, les religieux se réunissent dans la cour, se rangent debout le long d'un mur, le supérieur en tête. Les plus âgés s'appuient par devant sur un grand bâton en forme de T; c'est le bâton de la prière. Nous voyons force inclinations, nous entendons des centaines de *kyrie eleison*.

Sur la fin, les religieux vont les uns après les autres prendre dans leurs mains les mains jointes du Ghomos et les baiser; puis ils se baisent mutuellement les mains en continuant leur prière. C'est pieux et touchant.

CONFÉRENCE RELIGIEUSE

Nous cherchions l'occasion de parler de l'Eglise catholique. Elle vint naturellement à la visite que nous fit le supérieur et ses principaux religieux après le souper. Nous fûmes bien vite d'accord pour la question des deux natures en N.-S. J.-C. — « Nous pensons comme vous, » dit le Ghomos. « Alors nous n'avons, répondîmes-nous, qu'une chose à regretter; c'est qu'étant des religieux si mortifiés et si pieux, vous restiez des rameaux séparés du cep, qui seul peut les faire fructifier et leur donner la vie éternelle. — Mais, reprit-il, nous ne sommes pas comme les protestants les ennemis du pape, seulement nous ne le reconnaissons pas comme le chef de l'Église. » Nous répliquâmes : « Il faut cependant un chef visible à une Église visible, il faut un troupeau et un pasteur reconnu de toutes les brebis : *Unum ovile et unus pastor.* C'est à saint Pierre que N.-S. a confié son troupeau, le pape est son successeur. » Le Ghomos admit que l'Église doit avoir un chef visible, que ce chef a été saint Pierre. « Mais, ajouta-t-il, nous ne voyons pas clairement que le pape soit son successeur. Il est venu des temps où il a été impossible de savoir quel était le vrai successeur de saint Pierre. C'est N.-S. J.-C. qui se trouve maintenant le seul chef visible de son Église. » — « Les temps dont vous parlez, dîmes-nous alors, n'ont pas duré ; au surplus, si dans le monastère, par exemple, l'élection d'un supérieur avait laissé pour un temps quelque doute, ce qui a bien pu arriver pendant tant de siècles ; personne de sensé n'en conclurait que tous les supérieurs qui se sont succédé dans le monastère depuis ce temps là, et vous-même actuellement, n'ont reçu qu'une autorité douteuse. La succession de saint Marc que vous reconnaissez dans votre patriarche n'est pas aussi claire que la succession de saint Pierre dans Léon XIII. Du reste, la visibilité de N.-S. J.-C. dans la sainte Eucharistie n'est point celle qui est nécessaire au chef visible de l'Église, la sainte Hostie ne gouverne pas visiblement l'Église. » — « Pour le pape, interrompit le Ghomos, n'en parlons plus, c'est inutile. »

Nous lui exprimâmes de nouveau nos regrets, augmentés par l'édification que produisaient en nous la piété de ses moines, leur affectueuse vénération et leur obéissance à l'égard de leur supérieur. — « Nous prierons pour que l'Esprit-Saint vous « éclaire et vous ramène à la grande unité catholique. »

Il était nuit, plusieurs religieux nous accompagnèrent dan notre divan. Ils demandèrent à voir la petite malle où est renfermé notre autel portatif. Les ornements, les vases sacrés, les burettes, tout les jette dans l'admiration. Ils portent une attention spéciale à la clochette et veulent l'entendre ; c'est que dans leur messe le triangle et les timbres que l'on frappe l'un contre l'autre jouent un grand rôle. Nous ne leur permettons pas de toucher le calice et les linges sacrés. Quand tout est remis en place, et la petite caisse fermée, ils se regardent en disant : C'est magnifique !

Enfin il fallut nous étendre sur le tapis et nous rouler dans nos couvertures, pour les décider à nous laisser seuls.

Le lendemain, fête de la Transfiguration, à quatre heures du matin je commence la sainte Messe sur le petit autel portatif, dans le chœur de l'église. Tous les religieux et le Ghomos sont là qui suivent avec la plus grande attention, satisfaits et édifiés de la simplicité et de la beauté de nos cérémonies. La communion de nos scolastiques leur a particulièrement fait plaisir.

LE LAC DU NATRON

Nous devions partir à cinq heures et demie ; mais les chameaux et les chameliers sont allés du côté des lacs pour rapporter au monastère des herbes sèches et des broussailles, sans doute pour se dispenser de toute autre rétribution. Ils ne reviennent qu'à sept heures, et ne veulent pas nous conduire au lac où l'on exploite actuellement le natron, prétendant que ce lac est en dehors de l'itinéraire convenu. Il fallut pour les décider l'intervention du Ghomos et surtout les cinq francs du bakchiche qu'il leur promit.

Nous remettons au supérieur un volume de la bible arabe de notre imprimerie de Beyrouth qui manquait à la bibliothèque du couvent. Aux religieux, nous donnons des images du Sacré-Cœur venant de Paray, des chapelets et des médailles, et nous partons pour le lac du Natron.

Il est huit heures. Après une heure de marche dans la direction du Nord, nous arrivons sur les bords du lac. A droite est la tente de l'Arabe gardien du lac ; à gauche sont cinq ou six huttes de boue et de branchages, où habitent les ouvriers. Elles sont presque désertes, car l'exploitation est interrompue depuis quelques semaines.

Le lac, dans cette saison, n'est plus qu'une épaisse couche de sel d'une belle teinte rose, due sans doute à l'oxyde de fer, sur laquelle les ânes qui transportent le natron au village de Terraneh près du Nil ont tracé leur chemin.

Le natron se trouve en dessous du sel. Il forme une couche de 60 à 80 centimètres, tandis que le sel n'a que 50 centimètres d'épaisseur.

Le natron est une substance informe, spongieuse, d'un gris jaunâtre ; on dirait une scorie volcanique. On l'emploie comme carbonate de soude impur. Il joue un rôle important dans la préparation des momies : le corps nettoyé et aromatisé restait soixante-dix jours dans le natron. La composition chimique est en moyenne : carbonate de soude, 23 pour 100 ; sulfate de soude, 11 ; chlorure de sodium, 52 ; eau, 10 ; sable siliceux et argileux, 3 ; traces de carbonate de chaux et d'oxyde de fer. La formation de ce corps est due à la réaction mutuelle du gemme et du carbonate de calcaire réduits en poudre fine sous l'influence d'une température élevée et d'une humidité permanente. L'importance de l'exploitation a bien diminué depuis que la fabrication de la soude artificielle s'est répandue en Europe.

A huit heures et demie nous partons dans la direction du Sud-Est, suivant à peu près le bord occidental des lacs : nous allons au monastère des Syriens.

Après une heure et demie de marche, nous nous arrêtons au bord d'un petit lac de sel rose, situé à droite, près duquel nous avons passé la veille. A dix pas du sel est un trou rempli d'eau douce jusqu'à fleur de terre. Nos chameaux se désaltèrent et nous aussi. Quant à nos chameliers, ils gardent scrupuleusement la prescription du Ramadan. Ils ne boiront pas jusqu'au coucher du soleil, malgré une chaleur accablante. Que le joug du démon est dur! Comme celui de la sainte Église est plus maternel!

Là nous quittons les roseaux et les broussailles de la vallée pour rentrer dans le sable aride. Il y a sur le sable beaucoup de traces d'animaux, qui vont sans doute boire et brouter sur le bord des lacs. Les petits pieds des gazelles sont très fréquents, et aboutissent toujours à quelques touffes d'herbes. Nous voyons aussi des traces de renards et d'ours, et même, à notre grand étonnement, nous trouvons parfaitement imprimé dans le sable un pied d'autruche : nos chameliers le reconnaissent comme nous. C'est alors que pour la première fois nous apercevons devant nous de charmantes gazelles, qui fuient sans paraître trop effrayées, et s'arrêtent sur une berge de sable pour nous considérer. Nous en comptons vingt-huit. De petits lézards blancs fort agiles, gros comme le canon d'une plume d'oie, des ouarans ou sauriens gris à taches brunes sur le dos, à tête prismatique, de la grosseur d'un caméléon, quelques maigres et rares sauterelles; c'est avec les gazelles et un petit rat blanc tout ce que nous avons vu de vivant au désert.

DÉIR ÇOURIANI

Nous n'étions qu'à 500 mètres du monastère des Syriens, quand nous nous trouvons tout à coup en présence de deux véritables Bédouins qui débouchent de derrière l'enceinte. Burnous long, tête noire, allure fière, fusil surmonté d'un tronçon de baïonnette. Nos chameliers arment leurs fusils, et le chef de la caravane, sans armes, va droit à leur rencontre. Il leur conte que nous sommes les maîtres du couvent, que nous venons y résider, et qu'au reste chacun de nous est bien armé. Pendant ces pourparlers nous arrivons à la porte basse. Les religieux, prévenus par Abouna Ishac, viennent promptement nous ouvrir, et nous conduisent auprès d'une fontaine, sous d'antiques voûtes, pour la réception accoutumée. Le Ghomos est trop âgé, trop infirme pour nous faire les honneurs de son couvent; nous sommes reçus par son vicaire. Il nous montre, tout juste derrière nous, à moitié encastré dans le mur, l'arbre miraculeux de saint Ephrem le Syrien, dont les branches ombragent le bâtiment. C'est un magnifique tamarinier (Tamarindus indica) dont le tronc a près d'un mètre de diamètre. Une quantité de grappes de fleurs roses se détachent sur son délicat feuillage.

« Un jour saint Ephrem, nous dit-il, entrant dans l'église qui est là tout proche, laissa à la porte le bâton qui lui servait d'appui, pendant la prière. A la sortie, il le trouva tout verdoyant. Il l'arrosa, et le bâton devint le magnifique tamarinier que vous voyez. Cet arbre ombragera éternellement le monastère ; mais ses branches seront tellement tordues qu'on ne parviendra jamais à en tirer un bâton pareil à celui dont l'arbre est sorti. »

On nous donna quantité de feuilles et de fleurs. Le P. vicaire voulut même nous donner une provision de fleurs sèches dont on fait une infusion apéritive et rafraîchissante. Ces bons religieux lui attribuent en outre une vertu surnaturelle. C'est au pied de cet arbre que les religieux viendront faire la prière du soir; nous nous agenouillerons plusieurs fois sous son ombre.

Le couvent des Syriens est à peu près en tout semblable à celui d'El-Baramous. L'aspect extérieur de l'enceinte et de la tour, l'orientation sont les mêmes ; la petite porte est également au Nord. Cependant l'enceinte n'a que soixante mètres de large dans la direction du Nord au Sud. Ce qu'on peut remarquer de particulier, c'est que la plus grande partie des bâtiments sont construits en arcades et en voûtes à la manière des Syriens. Le divan qui nous est assigné pour notre demeure est lui-même formé par une voûte toute grande ouverte sur le petit jardin de palmiers et de cactus ; le sol est de la terre largement arrosée ; aussi sous la natte et le coussin qui doit me servir d'oreiller, j'entends des grillons qui chantent leur bonheur d'être au frais.

Dans la soirée, le Ghomos Michel, malgré son grand âge, veut nous accompagner au monastère de Saint-Isaïe, qui est à cinq cents mètres au Levant.

DEÏR AMBA-BICHAI

Ce monastère de Saint-Isaïe est le plus grand des quatre ; son enceinte est un carré d'un peu plus de cent vingt mètres de côté. Les bâtiments nous paraissent un peu plus dégradés qu'ailleurs. Dans l'église nous prions au pied du cercueil du saint moine Isaïe. Plus loin, en traversant le jardin nous remarquons une de ces grandes marmites en pierre dite de Baram dont on faisait usage pour cuire les aliments au temps de la visite du P. Sicard. Cette marmite d'environ quatre-vingts litres n'a pas plus de trois à quatre centimètres d'épaisseur. La pierre est noirâtre, à petites taches blanches, d'aspect volcanique ; elle vient de la Haute-Egypte. Actuellement, le cuivre a remplacé la pierre de Baram.

Les religieux nous avaient accueillis avec beaucoup de charité et de gaîté. Au divan de réception la discussion religieuse s'engagea tout naturellement; mais quelques plaisanteries d'un jeune religieux sur les images catholiques empêchèrent qu'elle ne devînt aussi sérieuse que nous l'aurions désiré.

Là, comme à El-Baramous, on accepte les deux natures dans la personne de N.-S. J.-C., mais on a peur de la suprématie du pape. — Je donnai à chacun une médaille miraculeuse.

Enfin nous revenons au monastère des Syriens, accompagnés du supérieur et de plusieurs religieux de Saint-Isaïe. Ces derniers s'informent de l'heure de notre messe pour le lendemain matin, et se promettent de s'y trouver.

Le lendemain, après notre messe, dite dans le chœur de l'église, messe à laquelle les religieux assistent avec beaucoup de satisfaction, nous voulons nous trouver présents à la messe conventuelle. Après de longues prières préparatoires, le prêtre fait de nombreux encensements, promène mainte fois le livre des SS. Evangiles dans le chœur et autour de l'autel; enfin il s'habille. C'est vite fait : une aube avec quelques paillettes d'or sur les manches; un long voile blanc brodé au centre et aux extrémités dont il se fait un turban et qui retombe en étole, voilà tout. Les encensements recommencent tout autour de l'autel; puis le prêtre s'assied à terre à la turque pendant que les chants continuent. Il se lève enfin et commence la messe proprement dite. Au milieu de l'autel est une petite caisse de bois peinte, ayant l'aspect d'un tabernacle, sans porte, trouée sur sa face supérieure. C'est là qu'est introduit le calice dont la coupe s'élève au-dessus de la caisse. Il restera là jusqu'à la communion. Le petit pain levé, de forme ronde et tout chaud, est sur un plateau. Pour la communion, le prêtre coupe ce pain devenu la Sainte-Hostie, en une trentaine de morceaux, il trempe l'un d'eux dans le précieux sang, le met en contact successivement avec tous les autres morceaux, puis il se communie prenant une parcelle, donné la suivante à son servant, et ainsi de suite jusqu'à l'entière consommation des parcelles.

Quand tout est terminé nous remercions le Ghomos de son bon accueil ; nous lui laissons avec quelques petits cadeaux pour les religieux, le volume du Nouveau Testament détaché de la Bible arabe de nos Pères de Beyrouth.

Enfin nous partons à 6 h. et 1/4 pour nous rendre *à l'arbre de l'obéissance* et au monastère de Saint-Macaire.

L'ARBRE DE L'OBÉISSANCE

Nos chameliers ne connaissant pas l'arbre de l'obéissance, quelques religieux du monastère leur ont indiqué la direction à prendre ; elle s'écarte peu de *celle* qui conduit au monastère de Saint-Macaire, et incline légèrement au Sud.

Après une demi-heure de marche, nous découvrons à deux ou trois kilomètres une tente de Bédouins, plantée sur un col. Là le Bédouin surveille au loin le désert, et peut facilement se dérober en contournant les mamelons voisins. Cette vue nous inquiète peu, car l'Arabe qui vit sous la tente n'est guère dangereux.

Cependant nos chameliers se trompaient de route ; ils allaient manifestement trop au Sud. Nous poussons nos chameaux sur une éminence, et de là, regardant à l'Orient, nous découvrons une touffe sombre, qui est évidemment un arbre, le seul arbre du désert, ce ne peut être que *l'arbre de l'obéissance* ; du reste, il est au milieu d'une immense série de décombres qui marquent l'emplacement d'autant de monastères anciens.

A cette vue notre émotion fut grande : nous foulons la terre arrosée de la sueur et des larmes des saints pénitents; nous apercevons le miracle vivant qui a récompensé et proclame encore leur héroïque obéissance.

De tous ces monastères auprès desquels nous passons, il ne reste le plus souvent qu'une chaussée de pierres et de briques brisées, traçant une enceinte carrée orientée vers les points cardinaux. Sur différents endroits de l'enceinte des amas de décombres plus considérables marquent l'emplacement des bâtiments; rarement on aperçoit quelque pan de muraille peu élevé. On dit que cette partie du désert comptait autant de monastères qu'il y a de jours dans l'année; il y a bien en effet une cinquantaine de ruines dans la partie que nous apercevons; plusieurs de ces ruines sont assez rapprochées les unes des autres pour que les moines aient pu entendre les chants des monastères voisins; aussi la louange de Dieu ne cessait-elle ni le jour ni la nuit dans cette sainte solitude.

Nous approchons de l'arbre merveilleux, but principal de notre voyage. Il est à l'angle Nord-Est d'un des plus grands monastères dont l'enceinte marquée par une ligne de décombres, mesure environ cent vingt mètres du Nord au Sud et deux cents mètres de l'Est à l'Ouest. L'arbre est au point culminant, le terrain étant incliné vers le Sud-Ouest, quoique cette région des couvents, dans son ensemble, s'abaisse au Nord vers la vallée des lacs. A moins d'un kilomètre au Nord-Est, on voit une des ruines les mieux conservées; les quatre angles de l'enceinte et quelques pans de murailles sont encore debout et dominent cette grande nécropole des monastères de Nitrie.

Enfin, une heure après notre départ du monastère des Syriens, nous arrivons près de *l'arbre de l'obéissance*. Nous sautons à bas de nos chameaux sans attendre qu'ils s'abaissent et nous allons nous agenouiller à l'ombre de l'arbre merveilleux, nous prions pour nos frères, pour la Compagnie et pour tous les ordres religieux persécutés. Il nous semble que ces saints solitaires répondent à la Compagnie dont nous leur portons l'hommage. *Renovabitur ut aquilæ juventus tua* (Ps. 102, 5). Chacun de nous renouvelle son vœu d'obéissance.

Cet arbre se compose de deux troncs sortis de la même souche ; celui qui est au Nord a un mètre de diamètre, l'autre cinquante centimètres. Ces troncs ont été souvent mutilés par le couteau ou la hache des Bédouins, peut-être encore par quelque pieux moine se rendant d'un monastère à l'autre ; aussi ne s'élèvent-ils pas à plus de deux mètres, et l'arbre, quoique plein de vie, a-t-il un aspect buissonneux et se termine-t-il à une hauteur qui ne dépasse pas sept ou huit mètres. Nous le trouvâmes en pleine floraison : c'est un *rhamnus spina Christi*, vulgairement épine du Christ, arbre de la même famille que le jujubier, très commun aux environs du Caire où il atteint de grandes dimensions. Il porte en septembre un grand nombre de drupes jaunes brunes de la grosseur d'une belle olive et d'un goût sucré ; les enfants du Caire en sont friands.

Il n'est pas étonnant que P. Sicard, visitant cet arbre en hiver, dépouillé de ses fleurs, l'ait confondu avec l'alisier dont le fruit est tout semblable, sauf qu'il renferme des pépins au lieu d'un noyau ; au reste, ici on traduit communément le nom arabe de l'arbre, *Nab*, par alisier. Nous prenons respectueusement quelques feuilles de cet arbre vénérable, nous nous permettons même de scier l'un de ses vigoureux rejetons qui sera pieusement conservé dans notre collège du Caire. En ramassant dans le sable des coquillages bivalves semblables à ceux de la mer, nous trouvâmes, tout proche de l'arbre, un fruit pétrifié, assez semblable au fruit du *rhamnus spina Christi.* Il n'est pas très rare de trouver dans ce désert d'admirables pétrifications ; nous en avons rapporté deux magnifiques dattes de silice qu'on dirait moulées d'hier.

Nous ne pûmes rester là qu'une demi-heure et nous partîmes en nous dirigeant vers l'Orient. A dix heures nous arrivions au couvent de Saint-Macaire.

DÉÏR ABOU-MAKAR

Ce monastère est un peu différent des autres. Situé dans un enfoncement, il n'apparaît au loin que du côté du Nord ; ses murs d'enceinte sont moins blancs et plus élevés ; d'un côté ils atteignent dix-huit mètres d'élévation ; la porte d'entrée, toujours protégée par la tour, est tournée au Levant. Quant à l'intérieur, c'est la même irrégularité, le même délabrement que dans les autres monastères. On nous introduit dans une petite salle du premier étage qui sera notre divan, notre habitation. Un vénérable religieux entre aussitôt en rampant à travers une petite ouverture. C'est le Ghomos Gréce qui sort de sa cellule pour nous recevoir. Il habite un petit trou obscur, sans lit, sans aucun meuble et qui n'a d'air que par cette petite porte de communication avec le divan. Ce religieux, malgré une ophtalmie chronique, a le caractère gai et ouvert, il se met de suite à l'aise avec nous. Il nous montre dans son église quatre cercueils où reposent, dit-il, saint Macaire-l'ancien, disciple de saint Antoine, saint Macaire-le-jeune d'Alexandrie, qui ont tous deux habité ce monastère, un troisième saint Macaire et saint Jean-le-petit. Au fond d'une nef latérale nous remarquons une enceinte carrée dont le sol est plus élevé ; nous allons y mettre le pied, quand un religieux nous arrête brusquement. — « Celui qui monte là meurt dans l'année, nous dit-il. Sous ces dalles sont les corps de quarante-neuf saints moines massacrés dans une invasion du monastère. » — Dans la tour, qui est fort grande (elle a 25 mètres de côté), on nous montre dans des cercueils de bois les corps embaumés de huit patriarches coptes de ces derniers temps. Nous profitons de la conversation qui suit le dîner pour compléter nos renseignements sur la vie des religieux et le gouvernement des monastères.

LES RELIGIEUX

Les religieux n'ont point de vœux. On n'exige d'eux que trois choses : le chœur, les jeûnes de règle et l'humilité. Le postulant est reçu gratuitement. Après une probation d'au moins un an, quelquefois de cinq ou six ans, il est admis par le suffrage des religieux. Il pourra toujours se retirer du monastère, mais une fois sorti on ne lui doit rien, il n'est plus rien. S'il a été ordonné prêtre dans le couvent, le fugitif est déprêtrisé, nous dit le Ghomos, il devra prendre le costume des laïques et pourra même se marier.

Tous les religieux aspirent à la prêtrise, et ils y parviennent s'ils persévèrent dans leur vocation ; car pour les ordonner on ne leur demande que de savoir lire l'arabe et le copte, encore n'exige-t-on pas qu'ils comprennent cette dernière langue. Il n'est pas d'autres stimulants pour leurs études ; aussi sont-ils généralement fort ignorants.

C'est dans ces quatre monastères de Nitrie qui, actuellement, comptent chacun vingt religieux, dont plusieurs sont infirmes, et dans les trois monastères de la Basse-Thébaïde qui ne sont pas plus peuplés, qu'on doit prendre le patriarche des coptes, les vingt-quatre évêques d'Egypte, l'archevêque et les trois évêques d'Abyssinie ; il s'ensuit que les évêques ne sont jamais mariés.

Le patriarche doit être choisi parmi les moines qui ne sont pas évêques ; au besoin on le fera en un seul jour prêtre, ghomos, évêque et patriarche.

Les évêques sont élus par le peuple et par les prêtres et approuvés par le patriarche. Ils doivent faire chaque jour trois cents prostrations ; le patriarche en fait cinq ou six cents.

Chaque religieux a un petit pécule, sur lequel le supérieur n'a pas de contrôle. Ce pécule se forme et s'entretient par les dons des parents et d'autres personnes. Il sert communément à acheter du tabac, du café, du sucre, dont le monastère ne donne chaque mois qu'une quantité insuffisante.

Pendant l'année on dit une messe le dimanche, le mercredi et le vendredi de chaque semaine. Chaque prêtre la dit et chaque frère la sert à son tour ; le servant seul communie. Pendant le grand carême et le petit carême de quinze jours qui précède l'Assomption, il y a messe tous les jours.

Les jours de messe on se lève à minuit pour chanter l'office divin qui sert de préparation au saint Sacrifice. A la tombée de la nuit on se réunit pour la prière du soir qui est suivie de la coulpe ; c'est à ce moment que les religieux peuvent aller trouver celui d'entre eux qui est désigné pour père spirituel et confesseur du monastère.

Les repas se prennent en commun, sauf que chacun prépare et prend son café comme il le veut. C'est là, avec la clôture et quelques petits offices d'intérêt commun distribués entre les religieux, tout ce que la règle demande.

Les religieux emploient comme ils veulent le reste du temps ; ils étudient, parlent ou dorment quand ils veulent et où ils veulent. Nous avons remarqué en effet que des conversations se prolongeaient bien avant dans la nuit et qu'il y avait des religieux couchés un peu partout, dehors et dedans, à la mode des Arabes du Caire.

Chaque monastère est gouverné par un supérieur ou Raïès, qui ne dépend que du patriarche. Il administre les biens du monastère qui consistent surtout en propriétés rurales.

Les propriétés du couvent d'El-Baramous sont près de Tanta, celles du monastère des Syriens et de Saint-Macaire sont à Etris, et celles du couvent de Saint-Isaïe sont à Kafr-Daoud. Les supérieurs des trois premiers monastères résident au Caire.

Ils ont pour les représenter dans l'intérieur du couvent un vicaire qui porte le titre de Ghomos. C'est lui qui est en réalité chargé de la formation des religieux et de la discipline intérieure. Le Raïès et le Ghomos sont élus aux voix par les religieux du couvent et approuvés par le patriarche : leurs charges sont à vie.

Considérant la vie pauvre et régulière de ces bonnes gens, leur isolement, leur ignorance, l'absence presque complète d'études religieuses, je crois volontiers qu'ils sont de bonne foi dans le schisme.

Quant à la piété, comment pourraient-ils en avoir ? Ils n'ont aucune idée de l'oraison mentale ; ils n'entendent aucune exhortation spirituelle ; ils communient rarement et ne conservent jamais le T. S. Sacrement dans leur église. Le chapelet d'ambre ou d'ivoire qu'ils tournent sans cesse dans leurs doigts comme les bons musulmans, n'est qu'un ornement auquel ils n'attachent aucune prière. Je me figure leur cœur vide, froid, délabré comme leurs églises : le schisme, c'est la mort !

LE BAHR-BÉLA-MA

Avant de nous éloigner de ce désert, il nous restait à visiter la grande vallée du *Babr-béla-mâ* ou de *la mer sans eau*, où le P. Sicard a trouvé de si belles pétrifications. — Nouvelle difficulté avec nos chameliers : les remontrances des religieux et le bakchiche lui-même ne réussissent pas à les mettre en mouvement. — Que faire ? — L'un de nous a l'idée de dessiner ostensiblement sur son carnet le portrait de l'Arabe, chef de la caravane. Cela commence à intriguer notre homme. — Nous nous levons brusquement et nous lui ordonnons de préparer les chameaux, ajoutant que nous n'avons pas besoin de lui pour la route. — Mais vous ne savez pas le chemin. — Nous le savons mieux que toi. — Déployant notre carte : « Voilà où nous sommes et c'est là où nous devons aller. » Enfin, tirant la boussole de notre poche, et orientant la carte : « C'est dans cette direction-là qu'il nous faut marcher, nous devons passer à droite de ce monticule. » — Notre homme se trouble visiblement. — Pour preuve de ce que je dis, j'ajouterai que demain retournant à Kafr-el-Daoud tu nous feras prendre cette autre direction. — Notre chef n'y tient plus ; les révélations de la carte et de la boussole l'ont subjugué. Il se lève et se met à préparer les chameaux. Nous partons dans la direction du Sud, nous passons tout proche des enceintes encore debout de deux monastères, et nous nous trouvons sur un vaste plateau où nos scolastiques ramassent quelques fruits, quelques morceaux de branches d'arbres pétrifiés.

Nous étions à une petite lieue du monastère quand le chef de la caravane arrêta nos chameaux : « Voilà des Bédouins, dit-il, en nous montrant une tente de Bédouins placée sur un col, à un quart d'heure de là. Il faut retourner sur nos pas ; les Bédouins vont nous attaquer, si nous avançons. » En vain nous lui affirmons que nous ne craignons pas ; tout est inutile, nos Arabes s'obstinent à ne pas avancer. Pour nous, il était clair que si les Bédouins voulaient nous dépouiller, ils pouvaient nous couper la retraite quand même nous n'irions pas plus loin ; dès lors ne valait-il pas mieux leur montrer que nous ne les craignions pas.

À bout d'éloquence, un de nos scolastiques saute à bas de son chameau, le tire par la corde, prend au chamelier son fusil et marche en avant ; les autres chameaux suivent, et nous voilà en route. Quand nos chameliers nous virent si bien décidés, ils se mirent à nous suivre cent pas en arrière. Nous marchons ainsi un bon quart d'heure, et nous arrivons sur une berge élevée, dominant une magnifique vallée de sable de dix à douze kilomètres de large, qui s'étend à perte de vue du Sud-Est au Nord-Ouest, parallèlement à la vallée du Natron. C'est le Bahr-béla-mâ. On dirait le lit d'un immense fleuve ; aussi a-t-on cru quelque temps que cette vallée avait servi de lit au Nil dans les temps préhistoriques, depuis le Fayoum (emplacement du lac Mœris) jusqu'à une quinzaine de lieues à l'ouest d'Alexandrie. Mais comme on n'y a trouvé aucun vestige de limon, cette opinion est aujourd'hui abandonnée.

Le sol de la vallée est à peine ondulé, sa dépression est de trente à quarante mètres ; on y descend par une pente rapide. Cette vallée est spécialement remarquable par la quantité de troncs d'arbres pétrifiés qu'on y rencontre ; certains endroits méritent vraiment le nom de forêt pétrifiée : dans un hectare, on compte parfois plusieurs centaines de troncs. Il en est qui ont jusqu'à huit ou dix mètres de long ; on y reconnaît aisément des chênes, des pins, des palmiers.

Nous avons rapporté une belle bûche de pin encore couverte de son écorce écailleuse : la silice dont elle est formée a même pris les teintes du bois et de son écorce.

La nuit s'approchant, nous n'avons pas pénétré plus avant dans la vallée. Nous sommes revenus au monastère en une heure de marche, sans qu'il ait été question des Bédouins.

LE RETOUR

Le lendemain, je dis ma messe à trois heures, en présence de tous les religieux, et nous partons à quatre heures et demie pour retourner à Kafr-el-Daoud, promettant à l'aimable Ghomos la Bible arabe qu'il désire vivement.

Nos chameliers n'ont point emporté d'eau ; on leur a dit au couvent qu'ils trouveront une source dans les roseaux au fond de la vallée du Natron. Vers cinq heures et demie, nous arrivons dans les roseaux, laissant les lacs bien loin à l'Occident, mais la source n'apparaît pas. Deux chameliers partent en courant à sa recherche ; après une demi-heure, on croit entendre le cri convenu et nous partons du côté de nos éclaireurs. Dans un trou d'un mètre et demi, creusé dans le sable à deux pieds de profondeur, est une eau blanchâtre où pourrissent quelques roseaux. Un de nos chameliers relève son burnous, descend dans le trou et avec une outre remonte l'eau sur le sol, où les chameaux viennent la boire. Quand ceux-ci sont désaltérés, notre Arabe, toujours piétinant dans cette eau fangeuse, emplit deux outres pour le voyage. Nous regardons tout cela en silence ; chacun se dit sans doute : « Est-ce que je boirai de cette eau ?... » Pour le moment, c'eût été impossible ; mais au milieu du jour, après six

ou sept heures de marche sous un soleil brûlant, nous demande-
rons au chamelier l'eau de son outre ; il versera dans nos tasses
ce liquide blanc et brun, fétide, tiédi par le soleil et par le ballot-
tement, nous l'avalerons rapidement sans le regarder et nous y
reviendrons en remerciant la divine Providence, et plaignant nós
pauvres chameliers que Mahomet condamne à ne pas prendre
une goutte d'eau durant nos dix heures de marche. Ces pauvres
gens n'en pouvaient plus, mais un arrêt nous aurait fait manquer
l'unique train qui passe dans la soirée à Kafr-Daoud. Nous leur
proposâmes de monter sur nos chameaux, pendant que nous
marcherions à pied, ce qu'ils acceptèrent avec plaisir pour une
heure et plus. Malgré leur évidente fatigue, l'approche du bakchiche final les rendit toute la journée complaisants et presque
gracieux.

Vers une heure, regardant au Midi, nous voyons un beau lac,
des îles, des rives couvertes de beaux ombrages. Tout cela parais-
sait distant de deux kilomètres au plus. Hélas ! cette eau, ces
beaux arbres n'étaient que l'effet du mirage.

Enfin, à trois heures du soir, nous atteignons la station de
Kafr-Daoud. Dans ces gares, il n'y a pas de bornes-fontaines
ouvertes à tous, mais une grande jarre pleine d'eau, avec une
grande tasse de ferblanc, est tenue à la disposition des voyageurs
dans un petit appartement fermé. Un employé nous ouvre et
nous buvons avec délices cette eau tiède venue directement du
canal voisin.

A sept heures du soir, nous rentrions dans notre petit collège
de la Sainte-Famille, pleins de reconnaissance pour nos bons
Anges, pour les Saints du Désert, et pour notre B. P. S. Ignace,
auquel nous avions recommandé notre voyage.

APRÈS LE VOYAGE

Le surlendemain j'allai remercier le Patriarche copte de sa lettre de recommandation aux supérieurs des couvents et lui dire combien nous avions été satisfaits de leur réception. Plusieurs religieux des couvents que nous avions visités, ayant eu l'occasion de se rendre au Caire, sont venus nous voir au collège. La propreté et les modestes ornements de notre petite chapelle les ont émerveillés. L'un d'entre eux et un autre moine de la Thébaïde ont demandé à se faire catholiques ; mais leur bonne volonté, à ce qu'il paraît, n'a pu résister à l'épreuve qu'on a cru devoir lui imposer.

Deux autres religieux, désignés pour accompagner en Abyssinie les évêques récemment nommés, sont venus prendre à notre dépôt, de la part de leurs évêques, plusieurs exemplaires de notre Bible arabe de Beyrouth et bon nombre d'ouvrages contre les protestants.

Nous avons également reçu la visite de plusieurs prêtres abyssins, venus au Caire pour le sacre de ces nouveaux évêques. Nous leur avons donné quelques petites brochures de piété, ou de polémique contre les protestants, qui actuellement font les plus grands efforts dans la Haute-Egypte pour attirer à leur hérésie le schisme copte mourant d'atonie ; ils nous ont promis de revenir avec des interprètes arabes pour s'entretenir avec nous.

— Veuillez prier le Seigneur qu'il propage et active le mouvement des Coptes vers l'unité, qui a commencé du côté de Louqsor et dont nous apercevons ici quelques signes avant-coureurs.

Le bâton détaché de l'arbre d'obéissance a été préparé avec soin et orné d'une douille d'argent portant l'inscription suivante :

HUNC RAMUM

EX IPSA ARBORE, PRIUS ARIDO LIGNO

DE QUO B. P. N. IGNATIUS

IN EPIST. DE VIRT. OBED. § 18,

P. M. JULLIEN ET FF. SCHOL. E. NOURRIT, J. NOORY, S. J.

COMITE J. PALAMARI, LAICO,

DESERTA NITRIÆ PERVAGATI

RECISUM ASPORTARUNT.

DIE 7 AUG. A. D. 1881.

Nous le mettrons dans la main d'une belle statue de saint Joseph que nous espérons recevoir de nos bienfaiteurs.

LYON. — IMPRIMERIE X. JEVAIN, RUE SALA, 42 & 44.